RAPPORT

SUR LES INCONVÉNIENS QUE PEUVENT PRÉSENTER

PLUSIEURS

MANUFACTURES DE PRODUITS CHIMIQUES

QU'ON A LE PROJET D'ÉTABLIR

DANS

LA PRESQU'ILE PERRACHE,

FAIT A LA SOCIÉTÉ DE MÉDECINE DE LYON ET AU NOM D'UNE COMMISSION PRISE DANS SON SEIN,

PAR

ALPH. DUPASQUIER,

DOCTEUR-MÉDECIN,

Membre du Jury médical du département du Rhône, secrétaire particulier de la Société de Médecine de Lyon, secrétaire-archiviste de la Société Linnéenne, membre honoraire de la Société de Pharmacie, membre de la Société d'Agriculture, Histoire naturelle et Arts utiles de la même ville, correspondant de plusieurs Sociétés savantes de Paris et des départemens.

A LYON,

DE L'IMPRIMERIE DE C. COQUE, RUE ET VIS-A-VIS L'ARCHEVÊCHÉ, N° 3.

1827.

RAPPORT

SUR LES INCONVÉNIENS QUE PEUVENT PRÉSENTER PLUSIEURS MANUFACTURES DE PRODUITS CHIMIQUES QU'ON A LE PROJET D'ÉTABLIR DANS LA PRESQU'ILE PERRACHE.

Messieurs,

L'hygiène publique, cette science qui a pour objet l'étude des agens modificateurs de la salubrité, et dont les recherches sont devenues si utiles de nos jours, par suite du développement prodigieux de nos manufactures, repose sur des connaissances généralement peu répandues, et se trouve pourtant liée à tous les travaux et à toutes les entreprises de l'industrie. Aussi n'est-il point exagéré de dire que ce devrait toujours être une obligation pour les dépositaires du pouvoir, lorsqu'ils veulent élever des monumens ou favoriser des tentatives industrielles, de consulter sur leurs projets les hommes dont la vie entière est consacrée à l'étude des causes qui peuvent nuire à la santé. Ils éviteraient par cette conduite des erreurs malheureusement trop communes, et auxquelles il n'est plus possible de remédier, une fois qu'elles ont donné lieu à des conséquences funestes.

Pénétré sans doute de cette vérité, M. le maire de Lyon a désiré connaître votre avis au sujet de quelques demandes en concession de terrain, faites avec l'intention d'établir dans la presqu'île Perrache plusieurs manufactures de produits chimiques.

Il s'agissait de déterminer, afin de répondre à la sollicitude du premier magistrat de cette ville, 1° si ces fabriques ne pourraient pas devenir nuisibles dans le quartier même où elles seraient établies, et si elles ne présenteraient pas un semblable inconvénient pour le coteau de Sainte-Foy et les autres localités voisines;

2° Si les vapeurs produites par ces établissemens, n'altéreraient en rien la qualité des viandes qui doivent séjourner dans l'abattoir que la mairie se propose de faire construire à une assez grande proximité;

3° Enfin, dans le cas où ces inconvéniens existeraient pour quelques-unes de ces fabriques, s'il ne serait pas possible d'y remédier par la préparation des substances chimiques dans des vases clos. L'autorité vous engageait encore à lui communiquer toutes les observations qui pourraient vous paraître utiles, lors même qu'elles ne seraient point provoquées par les demandes qu'elle jugeait à propos de vous faire.

Ces questions, comme vous le voyez, Messieurs, étaient aussi importantes que délicates, et méritaient d'être soumises à l'examen le plus approfondi; car, si l'industrie à laquelle notre ville est redevable de sa prospérité, réclame de justes encouragemens, et ne saurait, comme citoyens, vous être indifférente; d'autre part, chargés par état de veiller à la santé de vos semblables, votre premier devoir, dans cette circonstance, était d'éclairer l'administration sur les graves inconvéniens que présente le voisinage de certains établissemens industriels, sous le rapport de la salubrité publique.

Tels sont les principes qui ont dirigé la commission chargée par vous de répondre aux questions de M. le maire, et qui ont servi de base à ses délibérations. Ainsi, quoique bien pénétrés du vif sentiment d'intérêt qu'on doit accorder à l'industrie, vos commissaires ont eu principalement en vue de signaler dans leur rapport toutes les causes qui pourraient porter atteinte à la santé de leurs concitoyens. C'est pour parvenir à ce but, qu'après avoir examiné avec beaucoup de soin l'état sanitaire actuel de la presqu'île Perrache, ils ont cherché à prévoir et à déterminer, autant qu'il était possible de le faire, jusqu'à quel point chaque espèce de fabrication pourrait devenir insalubre ou incommode. Leur rapport se composera donc du résultat de ces deux genres de recherches, et se trouvera naturellement divisé en deux sections principales.

PREMIÈRE SECTION.

Examen de l'état sanitaire actuel de la presqu'île Perrache.

Il n'y a pas long-temps encore que toute l'étendue de la presqu'île, ajoutée à l'extrémité méridionale de notre cité par l'architecte Perrache, ne formait qu'un vaste marécage, redoutable pour les localités voisines, par les effluves dangereux qui s'en échappaient avec abondance. On n'a point oublié que des moulins et des manufactures élevés au sein même de ce foyer pestilentiel avec une imprévoyance difficile à concevoir, devinrent funestes à tous les ouvriers employés dans leurs travaux, et ne tardèrent point à être entièrement abandonnés. On sait aussi que les émanations marécageuses de ce lieu infect, poussées par les vents sur le quartier le plus rapproché de la ville, et sur la partie du coteau de Sainte-Foy voisine de la Quarantaine, y entretenaient d'une manière endémique des fièvres du caractère le plus grave, semblables, par leurs symptômes et par leur terminaison funeste, à ces maladies pernicieuses qui portent la désolation dans la Campagne de Rome. On se souvient enfin, Messieurs, qu'une affreuse mortalité répandait l'épouvante dans tout le voisinage de la presqu'île, lorsque nos savans Gilibert, Vitet et Pétetin, nourris profondément de la lecture des Lancisi et des Torti, rappelèrent leurs concitoyens à la tranquillité, en faisant connaître la véritable nature de ces fièvres, et en indiquant la seule méthode de traitement qui pouvait en arrêter les ravages.

Depuis cette époque, nous avons vu disparaître peu à peu les eaux qui couvraient la presque totalité de la presqu'île Perrache, soit par des dépôts successifs formés à chaque inondation de la Saône, soit surtout par le remblai opéré à partir de 1807 jusqu'en 1812. Des champs cultivés, ainsi qu'une plage couverte de graviers et encore stérile, ont remplacé la plus grande partie de ce vaste marais, où se décomposaient incessamment des quantités considérables de végétaux et de matières animales.

A mesure que s'opéraient ces changemens favorables,

on voyait diminuer en proportion le nombre et la gravité des fièvres produites par les émanations marécageuses. Ces maladies, ainsi que Lancisi l'avait déjà observé pour celles des environs de Rome, ne tenaient donc ni au sol, ni aux climats, ni aux saisons, mais bien à des circonstances accidentelles, à la stagnation des eaux sur la presqu'île, et au grand nombre de corps organisés qui y prenaient naissance, et ne tardaient pas à périr et à s'y décomposer.

Ces améliorations n'ont cependant pas suffi pour rendre tout-à-fait habitable cette partie intéressante de notre territoire. Aujourd'hui son insalubrité, quoique bien moins grande qu'elle l'était naguère, ne peut toutefois consciencieusement être mise en doute. Elle vous a été signalée, il n'y a pas long-temps encore, par M. le docteur Pichard, dans un rapport fait au nom d'une commission chargée d'examiner cette question importante. En vous rappelant les principaux faits indiqués dans ce rapport, nous y joindrons ce que nous avons recueilli nous-mêmes de nos recherches et de nos observations.

Des faits caractéristiques et bien constatés prouvent, d'une manière positive, que l'habitation de la presqu'île Perrache est très-dangereuse, surtout vers son extrémité méridionale; ainsi, en 1814 et 1815, on a observé dans une succursale de l'Hôtel-Dieu, établie à peu de distance du pont de la Mulatière, un grand nombre de fièvres rémittentes et intermittentes rebelles, chez des individus qui, lors de leur entrée dans cet hôpital, n'étaient atteints que de légères indispositions. En général aussi, les convalescences y étaient plus longues lorsque les malades avaient l'imprudence de se promener près des endroits marécageux; ce qui détermina les médecins à leur faire donner l'ordre de ne point quitter la chaussée.

Les bâtimens de cet hôpital sont occupés aujourd'hui par une caserne, et n'ont rien gagné sous le rapport de la salubrité. Le nombre des malades y est comparativement plus considérable que dans les autres casernes de la ville. En 1814, par exemple, ce nombre s'est élevé au quintuple, malgré la précaution qu'on a prise de tenir les salles fermées matin et soir, d'abandonner les puits de la presqu'île, et de ne s'approvisionner d'eau potable que sur l'autre rive de la Saône, au bas du coteau de Sainte-Foy.

On pourrait croire peut-être qu'une trop grande réunion d'individus a pu déterminer les maladies observées dans l'hôpital et dans la caserne qui lui a succédé; mais les maisons particulières de la presqu'île, quoique isolées et en petit nombre, n'en sont pas plus exemptes : on y voit également sévir les fièvres périodiques et les affections catarrhales et rhumatismales. Nous tenons du sieur Perret, propriétaire d'une manufacture de produits chimiques, que lui, sa famille et ses ouvriers sont fréquemment atteints de fièvres intermittentes.

Les causes d'une insalubrité aussi caractérisée sont nombreuses; les principales se trouvent, 1° dans la qualité des eaux potables qui, filtrant à travers un sol marécageux, ont une saveur fade, et exhalent, lorsqu'on les garde quelque temps, une odeur de matière organique en état de putréfaction (1) ; 2° dans les effluves qui s'échappent des grands fossés placés près du rivage de la Saône, et des mares qui sont plus ou moins grandes suivant l'élévation ou l'abaissement des deux rivières, et ne commencent à peu près qu'aux environs de la caserne dite de la Manufacture ; 3° dans l'humidité résultante des inondations du Rhône et de la Saône ; 4° enfin, dans la manière dont la presqu'île est soumise à l'influence des vents ; car le coteau de Sainte-Foy la met en partie à l'abri des vents du nord, de l'ouest, du nord-ouest, et refoule ses émanations, lorsqu'elles sont apportées par l'est et le sud-est. Le sud, qui peut seul les entraîner librement, y arrive déjà chargé des effluves des marais d'Yvours et de Pierre-Bénite.

Ces détails, comme on le voit, ne laissent aucun doute sur l'insalubrité actuelle de la presqu'île. Considérant, d'après cela, qu'un tel état de choses, si on n'y avait égard, serait très-préjudiciable aux propriétaires des établissemens projetés, ainsi qu'à leurs ouvriers, et qu'il convient de protéger l'industrie contre sa propre imprévoyance, votre commission, Messieurs, est d'avis que, vu la situation sanitaire actuelle du quartier

(1) Lancisi a établi cet axiôme : *Ubi bonæ sunt aquæ, ibi bonus; ubi malæ, malus itidem est aer.*

Dissertatio de nativis deque adventitiis Romani cœli qualitatibus. p. 35.

Rases dit aussi : *Nihil esse, præter æris puritatem, magis pertinens ad sanitatem, quàm aquarum salubritatem.* Lib. 1, *de Reg. princ.* cap. 2.

Perrache, on ne doit pas permettre inconsidérément d'y élever des fabriques et d'y construire des habitations particulières. Elle conçoit pourtant que les émanations marécageuses pourraient bien recevoir quelque influence des vapeurs et gaz échappés des ateliers chimiques, mais leur décomposition possible n'aurait toujours lieu qu'en très-faible partie; et d'ailleurs l'humidité produite par les inondations ne continuerait pas moins à régner, et la mauvaise nature des eaux potables ne pourrait qu'être altérée davantage par les résidus liquides qui s'écouleraient de chaque fabrique.

Toutefois, comme au moyen de travaux bien entendus, l'insalubrité du quartier Perrache peut disparaître, de même qu'on a vu le voisinage des lieux où s'opérait autrefois la jonction du Rhône et de la Saône, d'une habitation si dangereuse à cette époque, devenir, par suite de l'élévation du sol, aussi salubre que les autres parties de la ville; votre commission pense que, malgré les inconvéniens qui ont été signalés, on peut permettre d'y élever des fabriques non dangereuses par elles-mêmes, en établissant d'abord un système préalable de remblai capable de produire peu à peu l'assainissement de cette localité. Ce système consisterait: 1° à combler, autant que possible, les mares et les fossés pleins d'eau qui se trouvent à l'extrémité méridionale de la presqu'île, et près du rivage de la Saône; 2° à forcer chaque établissement d'élever toute la surface du sol qu'il devrait occuper, au niveau du Grand-Cours et de la chaussée; 3° à ne point employer dans le remblai des débris de fabriques et autres matières capables d'altérer la nature des eaux potables;

4° enfin, à disposer les établissemens de telle manière, qu'il ne puisse rester entre eux des espaces étroits et non remblayés, qui, par le séjour des eaux, pourraient devenir de nouvelles sources d'insalubrité.

Elle croit aussi indispensable, afin d'entretenir ensuite l'état salubre de ce nouveau quartier, d'y tracer des rues longitudinales pour favoriser l'action des vents sur les vapeurs des manufactures, et d'y établir un système général de canalisation tellement conçu, que les eaux impures de toutes les fabriques puissent s'écouler sans aucune filtration jusqu'à la rivière où elles doivent se perdre.

DEUXIÈME SECTION.

Examen, sous le rapport sanitaire, des fabriques qu'on a le projet d'établir dans la presqu'île Perrache.

Ce n'est pas seulement de nos jours que les dangers du voisinage des établissemens insalubres ont fixé l'attention de l'autorité. Nos ancêtres avaient eu la sagesse d'exclure de l'enceinte des villes, et d'éloigner des habitations particulières, toutes les professions dont l'exercice pouvait donner lieu à un dégagement de vapeurs infectes ou incommodes. A l'époque de la révolution, ces lois utiles tombèrent avec l'ancien ordre de choses, et ne furent point remplacées, sous le prétexte spécieux qu'elles étaient incompatibles avec la liberté individuelle. Cette imprévoyance devait avoir et eut en effet les suites les plus fâcheuses. De nombreux établissemens aussi dangereux qu'incommodes, ne tardèrent point à se former dans l'intérieur des villes, où ils donnèrent lieu à des maladies dangereuses et à de graves accidens. Ce fut alors qu'on s'aperçut de la faute qui avait été commise, par les contestations élevées entre les fabricans et leurs voisins, et par lesquelles les premiers furent contrariés dans leurs opérations, et forcés d'interrompre leurs travaux.

Cette absence de règlemens sanitaires était donc aussi nuisible aux intérêts des fabricans que préjudiciable à la société. L'administration le comprit parfaitement; et pour mettre fin à ce fâcheux état de choses, elle sentit qu'il fallait en référer aux juges naturels en pareille matière, aux savans et aux gens de l'art. L'Institut national se composait alors de cette foule d'hommes remarquables qui ont élevé les sciences à un si haut degré de perfection, et à qui notre patrie est redevable d'une gloire immense et impérissable. Ce corps illustre, investi de la confiance de l'administration, désigna Guiton-Morveau et Chaptal, pour répondre à cette question qu'il était chargé de résoudre: *Les manufactures qui exhalent une odeur désagréable, peuvent-elles être nuisibles à la santé!*

Le rapport de ces savans, lu à la séance du 26 frimaire an 13, fut, comme on devait s'y attendre, aussi sage que lumineux. A la suite des plus hautes considérations, ils se résumaient en disant:

1° « Que les établissemens de bayauderie, de voirie, » de rouissage, ainsi que ceux dans lesquels on amon- » celle et fait pourrir ou putréfier, en grande masse, des » matières animales ou végétales, forment un voisinage » nuisible à la santé, et qu'on doit les porter hors de » l'enceinte des villes et de toute habitation;

» 2° Que les fabriques d'acides minéraux, de bleu » de Prusse, de sel ammoniac, etc., etc., ne forment » un voisinage dangereux que par défaut de précaution, » et que les soins de l'administration doivent se borner » à une surveillance active et éclairée, pour faire per- » fectionner les procédés dans la fabrication et la con- » duite du feu, et pour y maintenir une propreté con- » venable;

» 3° Qu'il serait digne d'une sage et bonne adminis- » tration de faire des règlemens pour prohiber à l'ave- » nir, dans l'enceinte des villes et près des habitations, » l'établissement de toute fabrique dont le voisinage » est essentiellement incommode et dangereux. »

Les sages conclusions de ce rapport devinrent plus tard la base d'un décret rendu le 15 octobre 1810, et modifié par l'ordonnance du 14 janvier 1815 (1), décret par lequel toutes les manufactures à odeur incommode ou insalubre, furent divisées en trois classes, et ne purent être établies qu'après une enquête publique de *commodo et incommodo*, nécessaire pour obtenir, lorsqu'il y avait lieu, une autorisation spéciale.

Votre commission, Messieurs, a cru devoir fonder son travail sur cette législation encore en vigueur, sans renoncer toutefois à vous faire connaître ses opinions particulières, lors même qu'elles ne coïncideraient pas parfaitement avec les dispositions textuelles de la loi; ainsi, la revue des manufactures, sur l'établissement

---

(1) L'ordonnance du 14 janvier 1815 a été modifiée à son tour par celle rendue le 9 février 1825.

desquelles vous avez été consultés, sera faite par divisions correspondantes aux trois classes du décret de 1810.

PREMIÈRE CLASSE.

Manufactures qui doivent être éloignées des habitations particulières.

Si l'on s'en tenait rigoureusement au texte de la loi, toutes les fabriques comprises dans cette classe pourraient être établies dans la presqu'île Perrache, puisqu'elle est assez éloignée de la ville, et ne renferme qu'un très-petit nombre d'habitations particulières; mais il est évident que c'est au but de cette loi qu'il faut principalement s'attacher. Or, ce but est de reléguer les manufactures insalubres dans des lieux où elles ne puissent nuire ni à la santé des hommes ni aux propriétés. D'après cela, si l'on considère, 1° que l'éloignement de Perrache, relativement au coteau de Sainte-Foy, et même relativement à la ville, n'est point tel qu'il ne puisse être dangereux de laisser élever dans cette presqu'île des établissemens qui répandront en grande quantité des vapeurs infectes ou corrosives; 2° que par l'action naturelle du vent du sud si fréquent dans nos contrées, ces dangers sont encore bien plus à craindre; ne doit-on pas penser que c'est un devoir pour l'administration de n'accorder, sous aucun prétexte, l'autorisation d'y élever de semblables fabriques?

Votre commission, Messieurs, frappée des graves inconvéniens que présente le plus grand nombre des manufactures chimiques renfermées dans la première classe, avait eu d'abord la pensée qu'il ne fallait point permettre de les établir dans la presqu'île. Mais considérant toutefois que par le moyen de certaines modifications dans leurs procédés, ces manufactures, quoique toujours plus ou moins incommodes, peuvent arriver au point de ne donner lieu à aucune espèce d'insalubrité, elle a cru devoir en tolérer un certain nombre; sous la condition expresse que leurs propriétaires ne devront négliger aucune des précautions qui leur seront indiquées. Cette détermination est d'ailleurs conforme à une disposition de la loi déjà citée, disposition par laquelle une fabrique mise d'abord au rang des plus insalubres, peut, par le moyen de quelques améliorations sous le rapport sanitaire, passer dans la seconde et même dans la troisième classe.

Cependant, remarquez bien, Messieurs, que la tolérance de votre commission ne s'étend point jusqu'à favoriser l'établissement des fabriques d'une grande insalubrité; que même elle ne croit convenable d'autoriser celles qui ont été ou qui peuvent être améliorées, qu'en les soumettant à des conditions, sans la stricte observation desquelles elles doivent être absolument rejetées.

Cela posé, passons à l'examen de chaque espèce de fabrication en particulier.

SULFATE DE SOUDE.

Préparation en grand, sans recueillir le gaz acide-muriatique ou hydro-chlorique.

Ce sel dont on fabrique des quantités considérables

pour en obtenir la soude factice, se prépare en décomposant le sel marin (hydro-chlorate de soude) par l'acide sulfurique. Cette décomposition, qui se fait à l'aide de la chaleur et dans des appareils qu'il est inutile de décrire pour l'objet qui nous occupe, donne lieu à la production d'une immense quantité de gaz acide-muriatique ou hydro-chlorique.

Lorsqu'on opère sur de petites proportions de sel et d'acide sulfurique, on peut utiliser ce gaz en le faisant passer successivement dans une série de vases contenant de l'eau, jusqu'à ce qu'il soit entièrement absorbé. Le résultat est de l'acide muriatique liquide dont la fabrication fait partie des établissemens de la deuxième classe. Mais dans les grandes fabriques où l'on prépare chaque jour des masses énormes de sulfate de soude, le gaz acide ne peut être recueilli utilement (1), et l'on est obligé de le faire dégager à l'air, dans lequel il va se répandre en lui communiquant des propriétés très-nuisibles.

Cette pratique est extrêmement pernicieuse. L'acide muriatique répandu en aussi grande proportion dans l'atmosphère, non seulement agit d'une manière irritante sur l'organe de la respiration de l'homme et des animaux; mais encore, dissous dans les vapeurs qui se condensent et sont déposées sur la terre, durant la nuit, il détruit la végétation dans une étendue considérable.

---

(1) Le commerce ne présente pas un débouché suffisant pour l'énorme quantité d'acide liquide qui serait le résultat de la solution totale du gaz muriatique produit dans la fabrication en grand du sulfate de soude.

En 1809 et 1810, la fabrication de la soude prit beaucoup d'extension à Marseille, où il s'en établit un grand nombre de fabriques. Ce voisinage incommode et dangereux ne tarda pas à produire des effets funestes, et à exciter les plaintes les plus vives. Consultée à ce sujet, la société de médecine de Marseille répondit, le 7 avril 1810 : « Que ces fabriques étaient également » nuisibles à la santé, à la végétation, à la conserva- » tion des étoffes, ainsi qu'à celle des meubles de mé- » tal, et qu'il convenait de les reléguer à un mille de » distance des lieux habités et cultivés. » Aujourd'hui elles sont toutes établies au moins à trois quarts de lieue de la ville, dans des endroits incultes ou sur les bords de la mer. La verdure est entièrement détruite auprès de ces établissemens ; et tout ce qui les entoure, offre un aspect de désolation. Souvent même les vapeurs acides s'étendent assez loin pour atteindre des champs cultivés, ce qui devient très-préjudiciable aux fabricans qui se trouvent obligés de payer des indemnités très-fortes à leurs propriétaires.

Après de tels détails, qu'est-il besoin de vous dire, messieurs, que votre commission est unanimement d'avis qu'on ne doit laisser établir à Perrache aucune des fabriques de sulfade soude, où l'on néglige de recueillir le gaz acide muriatique ?

Cependant je dois voir faire remarquer que plusieurs tentatives ont été faites pour dissoudre ou neutraliser en totalité les émanations corrosives de ces manufactures.

Un des moyens les plus simples consiste à faire passer les produit gazeux de la fabrication du sulfate de soude dans de vastes souterrains où des courans d'eau peuvent les condenser incessamment.

M. Descroisilles a employé, dans le même but une vaste chambre de plomb remplie de moellons calcaires, et dans laquelle un courant d'eau continu, tombant en cascades, entraînait à mesure de sa formation le muriate de chaux produit de la décomposition de la pierre calcaire par le gaz acide muriatique.

Le procédé employé par M. Foucard est fondé à peu près sur le même principe : il consiste à faire passer dans un canal à plusieurs branches parallèles, séparées par des cloisons en briques, le gaz acide qui se condense à l'aide de pierres calcaires et d'un courant d'eau entretenu par une pompe.

Enfin, M. Vougier de Septêmes fait circuler dans des canaux sinueux en pierres calcaires, l'acide muriatique gazeux mêlé d'eau en vapeur, puis en définitive il conduit ce mélange dans une tour construite avec les mêmes matériaux. Ce dernier moyen, si l'on en croit une note insérée récemment dans un journal scientifique, permet de condenser complètement le gaz muriatique, et fait disparaître les inconvéniens que présente son émission dans l'atmosphère.

Vos commissaires, Messieurs, ne rappellent ces différens procédés, très-bons sans doute en théorie, que pour vous faire observer que leur utilité ne paraît pas encore avoir été suffisamment sanctionnée par l'expérience. Si donc il arrivait qu'on demandât à les mettre en pratique dans la presqu'île, ils pensent qu'on ne devrait donner une semblable autorisation que conditionnellement, et aux périls et risques des fabricans dont les travaux devraient être suspendus aussitôt qu'ils donneraient lieu à un dégagement un peu abondant de vapeurs acides.

ACIDE SULFURIQUE, ET SULFATE DE CUIVRE *Préparé par la calcination.*

Nous réunissons ces deux genres de fabrication, parce qu'ils donnent également lieu à un dégagement de vapeurs sulfureuses. (Gaz acide sulfureux.)

Ce gaz est très-irritant, et, comme l'acide muriatique, il agit d'une manière spéciale sur les organes pulmonaires. Respiré en petite quantité et pendant un certain temps, il produit l'inflammation chronique de ces organes, et, par suite, la phthisie. Répandu abondamment dans l'air, et déposé sur la terre avec les vapeurs qui se condensent par la fraîcheur de la nuit, il porte une atteinte profonde à la végétation. Le professeur Fodéré a vu, à Marseille, une fabrique composée de douze grandes chambres de plomb, et qui était si mal conduite, que le gaz acide sulfureux s'en échappait de toutes parts et allait dévaster les propriétés environnantes, dans une étendue de quatre cents mètres. On a vu aussi, dans une fabrique de Strasbourg, une émission considérable de vapeurs sulfureuses acides survenir accidentellement. Le lendemain, toutes les plantes étaient détruites dans le jardin placé autour des bâtimens de cette manufacture.

Les émanations de gaz acide sulfureux sont donc à peu près aussi dangereuses que celles de gaz acide hydrochlorique (1). D'où l'on peut conclure qu'un établisse-

(1) Il faut remarquer pourtant que l'acide sulfureux est moins

ment dans lequel on laisserait perdre une grande quantité de ce fluide nuisible, devrait être nécessairement placé à une très-grande distance des habitations et des lieux soumis à la culture. Mais n'est-il point possible de fabriquer l'acide sulfurique et le sulfate de cuivre, sans laisser répandre des émanations dangereuses dans l'atmosphère? c'est ce qu'il s'agit d'examiner.

L'acide sulfurique se prépare, soit en faisant brûler un mélange de soufre et de salpêtre, d'où résultent de l'acide sulfureux et du dentoxide d'azote, soit en produisant ces deux gaz séparément. On les introduit ensuite avec de la vapeur d'eau dans de vastes chambres de plomb, où l'acide produit se dépose sous forme liquide. Il ne s'agit plus alors que de le purifier par la concentration.

Durant ces opérations, le gaz acide sulfureux peut se répandre dans l'air par différentes causes : 1° il peut fuir par les fissures de la chambre de plomb; 2° par l'ouverture supérieure de cette chambre destinée à établir un courant et à donner un passage au gaz résidu de l'opération; 3° il se dégage en grande quantité et avec un peu d'acide sulfurique pendant la concentration.

Les précautions à prendre pour éviter cette perte de gaz, qui est en même temps préjudiciable au fabricant, et nuisible à ses voisins, consistent à réparer avec soin les trous et fissures de la chambre de plomb; à ne point opérer par un courant continu, comme on le faisait autrefois, et comme quelques manufacturiers

---

expansif que le gaz muriatique, et en même temps beaucoup moins soluble; d'où il résulte que toutes choses égales d'ailleurs, il doit étendre ses ravages à une distance moins grande, et se déposer en plus petite quantité sur la surface du sol.

le pratiquent encore, mais bien par une condensation intermittente, moyen qui est plus généralement employé, et qui a l'avantage d'empêcher la perte continuelle de gaz qui avait lieu par l'ancien procédé; à faire passer les résidus gazeux dans un long canal en plomb ou dans une seconde chambre de même métal, pour obtenir et condenser, autant que possible, tout l'acide sulfurique; enfin, à ne pas pratiquer la concentration dans des appareils ouverts, comme on le fait encore dans quelques fabriques, mais à employer un vase en platine recouvert par un chaptieau, terminé lui-même par un serpentin plongé dans l'eau froide, lequel condense toutes les vapeurs qui s'échappent durant cette opération.

En adoptant ces procédés et en ne négligeant aucune des précautions indiquées, la fabrication de l'acide sulfurique n'entraîne presque aucun inconvénient. C'est ce dont on peut se convaincre en visitant la fabrique du sieur Perret, déjà établie à l'extrémité de la presqu'île, et où l'on a mis en pratique la plupart des moyens dont il vient d'être parlé. Votre commission, Messieurs, se plaît à reconnaître qu'on ne peut apporter plus de soin dans la direction d'une semblable manufacture : à peine est-il possible d'y sentir une légère odeur sulfureuse, autour des chambres de plomb et de l'appareil propre à concentrer l'acide. Disons aussi que, bien qu'on prépare dans ce même bâtiment de l'acide muriatique liquide, des briques et de la soude, la végétation n'en est pas moins très-belle dans les jardins qui entourent le laboratoire.

Vos commissaires sont donc d'avis qu'on peut autoriser la fabrication de l'acide sulfurique dans la presqu'île Perrache. Ils peuvent d'ailleurs appuyer leur opinion sur celle qui est consignée dans le rapport déjà cité de Guiton-Morveau et de Chaptal, à une époque où cette fabrication n'avait pas encore reçu les perfectionnemens auxquels elle doit de ne plus être accompagnée d'aucune espèce d'insalubrité. « Il est bien » difficile, disent ces savans, que dans cette opération » il ne se répande une odeur plus ou moins marquée » d'acide sulfureux, autour de l'appareil dans lequel » s'opère la combustion; mais, dans les fabriques con- » duites avec intelligence, cette odeur est à peine » sensible dans l'atelier; elle ne présente aucun danger » pour les ouvriers qui la respirent journellement, et » aucune plainte de la part des voisins ne saurait être » fondée. » (Rapport à l'Institut fait le 26 frimaire an 13.)

Arrivons à présent à l'examen de la fabrication du sulfate de cuivre. Ce sel se prépare ordinairement, dans les fabriques lyonnaises, par la calcination du soufre étendu sur des plaques de cuivre.

Cette opération se fait dans des fours, et produit, dans le principe, un dégagement si considérable de vapeur sulfureuse acide, qu'il serait extrêmement dangereux de permettre de la pratiquer à Perrache. Cependant votre commission est entièrement convaincue qu'on peut brûler le soufre et le cuivre, sans donner lieu à aucun inconvénient, en faisant communiquer la cheminée du four à calcination avec les chambres de plomb qui servent à préparer l'acide sulfurique. Par ce moyen, on détruirait tout l'acide sulfureux, et l'opération ne présenterait plus de dangers, en même temps qu'elle serait bien plus avantageuse.

On peut donc autoriser la fabrication du sulfate de cuivre par le procédé qui vient d'être indiqué, ou par tout autre, au moyen duquel on neutralisera complètement la vapeur sulfureuse acide.

CHLORURE DE CHAUX.

Pour préparer en grand le chlorure de chaux, on introduit un courant continu de chlore dans une chambre en pierre siliceuse, où se trouve étendue sur des tablettes, de la chaux délitée, et sous forme pulvérulente.

C'est par la perte du chlore que cette opération peut présenter quelques inconvéniens. En effet, ce gaz, quoique un peu moins dangereux que ceux qui ont déjà été examinés, ne laisse pas que d'irriter assez fortement les organes pulmonaires. Mais, en opérant avec soin, il est possible de n'en laisser échapper qu'une bien petite quantité; on peut donc permettre la préparation de cette substance désinfectante, en prescrivant toutefois d'observer les précautions qui suivent :

1° Il faut lutter exactement l'appareil où se produit le chlore, et boucher avec soin les ouvertures qui peuvent exister aux croisées de la chambre ;

2° Il est prudent d'établir, à la partie inférieure de la chambre et à côté de la porte, un tube recourbé plongeant dans de l'eau de chaux. Cette ouverture sert de soupape de sûreté, et, par son moyen, on peut recueillir le gaz en excès qui se dégage à la fin de l'opération. On obtient ainsi du chlorure liquide qui peut servir aux mêmes usages que le chlorure solide contenu dans l'intérieur de la chambre.

NITRATE DE FER.

La préparation de ce sel ne se trouve dans aucune des divisions établies par la loi. Nous la plaçons dans la première classe, parce qu'elle peut donner lieu à un dégagement de vapeurs irritantes.

La dissolution du fer dans l'acide nitrique, convenablement étendu d'eau, a pour résultat la production de ce sel (trito-nitrate). Il se dégage pendant la dissolution du fer, du dentoxide d'azote, qui, par son contact avec l'air, passe à l'état de gaz nitreux.

Ce gaz répandu en grande quantité dans l'air, aurait incontestablement des effets nuisibles; mais il n'est pas dans l'intérêt des fabricans de le laisser perdre, puisque c'est un des élémens essentiels pour la préparation de l'acide sulfurique.

On peut donc en permettre la fabrication, en supposant toutefois que le gaz nitreux sera employé en totalité pour changer l'acide sulfureux en acide sulfurique.

COLLE FORTE.

La colle forte se prépare en faisant fondre dans l'eau, par une ébullition prolongée, des tendons, des rognures de peaux, et autres débris de matières animales.

Cette fabrication donne lieu à une odeur très-désagréable, due, en grande partie, à ce qu'on est obligé de faire macérer longuement toutes ces matières; lesquelles étant ensuite exposées à l'air, pour être un peu séchées avant la fonte, peuvent subir un commencement de fermentation putride.

Votre commission pense que, dans l'intérêt des manufactures qu'on doit établir dans la presqu'île, et dont les ouvriers seraient incommodés par l'odeur désagréable des matières animales en putréfaction, il conviendrait de ne point laisser fabriquer la colle forte dans la même localité.

Cependant elle n'ignore pas qu'il serait possible de rendre ce genre de fabrication très-peu incommode : 1° en détruisant la mauvaise odeur qui s'exhale des matières animales macérées, par des aspersions fréquentes d'une faible solution de chlorure de chaux ; 2° en faisant passer les vapeurs qui s'échappent des chaudières en ébullition, par un tuyau de cheminée élevé à la hauteur de quinze ou vingt mètres (1) ; 3° en ne laissant pas entasser dans les fabriques les résidus des fontes et autres débris susceptibles de se putréfier ; 4° enfin, en n'y laissant pas séjourner non plus les eaux chargées de principes putrides, et en y entretenant sans cesse la plus grande propreté.

Si l'on trouvait un fabricant qui voulût se soumettre à ces conditions, il y aurait très-peu d'inconvéniens à lui permettre de préparer de la colle forte ; mais il serait à craindre qu'il ne les négligeât tôt ou tard, à cause de l'augmentation de dépenses qu'elles pourraient lui occasioner. Remarquons d'ailleurs que la presqu'île Perrache est une bien mauvaise localité pour ce genre de fabrication, puisqu'elle n'est qu'imparfaitement soumise à l'action du vent du nord, et que, durant les deux seules époques où l'on peut fabriquer la

(1) Il conviendrait pour cela d'établir un fourneau d'appel qui forcerait les vapeurs à se précipiter dans la cheminée principale.

colle forte, le printemps et l'automne, elle est presque constamment couverte de brouillards. Or, on sait que ces circonstances sont très-défavorables à la dessication, qu'on peut regarder comme l'opération la plus difficile d'une semblable manufacture.

DEUXIÈME CLASSE.

Manufactures dont l'éloignement des habitations n'est pas absolument nécessaire.

Cette deuxième classe renferme toutes les fabriques qui présentent moins d'inconvéniens que les précédentes, et dont le voisinage est, par conséquent, beaucoup plus supportable. A la rigueur, elles peuvent être établies dans les villes; mais il est préférable qu'elles en soient éloignées. On peut donc permettre de les établir à Perrache, mais ce n'est encore qu'en obligeant les manufacturiers à des précautions qui sont presque aussi indispensables que pour les établissemens de première classe.

ACIDE MURIATIQUE LIQUIDE.

Lorsqu'on met en contact avec de l'eau le gaz acide muriatique, que nous avons déjà vu être produit par la réaction de l'acide sulfurique sur le sel marin, ce gaz se dissout et donne lieu à l'acide muriatique liquide. Si cette condensation est complète, l'opération ne présente aucun inconvénient; mais, par défaut de précautions, une assez grande partie de ce gaz peut se répandre dans l'atmosphère.

Voici les moyens de prévenir cet accident; moyens

que les fabricans d'acide muriatique doivent être tenus de mettre en usage.

1° Si l'on opère avec un appareil non lutté, il faut ne porter l'acide liquide qu'à un faible degré de concentration. Dans ce cas, l'affinité de l'eau pour le gaz acide suffit pour empêcher qu'il ne se répande au dehors.

2° Si, dès la première opération, on désire obtenir un acide au degré de concentration voulu par le commerce (21 à 22°), il faut exactement lutter l'appareil, et faire passer l'acide muriatique aériforme dans une série de vases contenant de l'eau, de telle sorte que l'acide liquide renfermé dans les premiers de ces récipiens, ayant atteint son summum de concentration, l'excès de gaz puisse se dissoudre dans l'eau peu chargée encore des vases placés à la suite (1).

Si l'on emploie des vaisseaux de verre pour opérer la décomposition du sel marin, elle ne se fait pas complètement, et l'on est obligé de la terminer dans des chaudières où l'on réunit les résidus extraits d'un grand nombre de cornues. Ce temps de l'opération est un de ceux où il se perd une plus grande quantité de gaz hydro-chlorique. Il faut donc mettre beaucoup de célérité à remplir les chaudières et à lutter l'appareil qu'on y ajuste pour recueillir cet acide.

Ce changement d'appareils, quoique pouvant offrir peu d'inconvéniens, lorsqu'on le fait avec précaution, nous paraît bien moins convenable qu'une opération

---

(1) Pour assurer complètement la neutralisation du gaz acide muriatique, il serait encore mieux de remplacer par un lait de chaux l'eau contenue dans les derniers vases.

faite en un seul temps, dans des cylindres de fonte, par exemple, où l'on pourrait conduire jusqu'à sa fin la décomposition du muriate de soude, en donnant un coup de feu aussi fort et aussi prolongé qu'on le jugerait nécessaire. Un appareil condensateur bien lutté, étant mis en rapport avec ces cylindres, la perte de gaz serait à peine sensible.

Nous observerons en outre que le gaz acide-muriatique peut se répandre accidentellement dans le laboratoire, par suite de la fracture d'un appareil, ou par toute autre cause. Il serait donc convenable d'y placer un fourneau d'appel, par le moyen duquel on porterait subitement ces vapeurs dans une cheminée de quinze ou vingt mètres d'élévation.

DISTILLATION OU RAFFINAGE DU SOUFRE.

La distillation du soufre se fait dans des chaudières de fonte surmontées d'un chapiteau en maçonnerie. Ce chapiteau communique avec une chambre dans laquelle le soufre, vaporisé par la chaleur, se depose sous forme liquide ou pulvérulente.

Cette opération ne peut donner lieu à un dégagement abondant de vapeurs sulfureuses, qu'autant que l'appareil ne serait pas construit d'une manière convenable. A Marseille, les ateliers pour le raffinage du soufre sont considérés comme peu incommodes, puisqu'ils sont situés, pour la plupart, aux portes et dans l'intérieur même de la ville.

On peut donc, sans inconvénient, permettre de les établir à Perrache; seulement il est bon d'observer que ces fabriques étant très-dangereuses sous le rapport de l'incendie, elles doivent être suffisamment éloignées des autres manufactures, pour que celles-ci n'aient rien à redouter de leur voisinage.

CHARBON DE TERRE PURIFIÉ OU COAK.

Le charbon de terre contient ordinairement une assez grande proportion de soufre, dont la présence est nuisible à plusieurs de ses emplois dans les arts, et particulièrement à la fonte du fer.

Pour le priver de soufre, on lui fait subir une demi-combustion, au moyen de laquelle on obtient un charbon léger et assez pur, auquel les Anglais ont donné le nom de *coak*.

Cette opération faite dans des appareils fermés, et afin d'obtenir ou du gaz hydrogène pour l'éclairage (1), ou du bitume et du noir de fumée, ne présente pour tout inconvénient qu'un peu de mauvaise odeur, et doit être autorisée sans difficulté.

Il ne reste plus à examiner, dans cette seconde classe, que la fabrication des briques réfractaires par le coak, fabrication qui n'est ni insalubre ni incommode, puisque la combustion du charbon de terre purifié ne donne lieu à aucune odeur sulfureuse, et ne produit presque point de fumée.

---

(1) La fabrication du gaz hydrogène carboné, pour l'éclairage, présente des dangers sous le rapport de l'incendie. Elle a été soumise à des règles spéciales, par une ordonnance rendue le 20 août 1824.

La seule précaution à prendre pour la cuisson de ces briques, est de bien aérer le four où elle doit se pratiquer; afin que les gaz qui se forment en grande abondance durant la combustion du coak, et qui pourraient asphyxier les ouvriers, soient facilement répandus et disséminés dans l'air à mesure de leur formation.

TROISIÈME CLASSE.

Fabriques qui n'offrent que très-peu au point d'inconvéniens au dehors.

Arrivée à l'examen des établissemens renfermés dans cette troisième classe, votre commission, Messieurs, croit inutile de les considérer isolément, comme elle l'a fait pour ceux qui appartiennent aux deux divisions précédentes. Les inconvéniens qu'ils présentent, ne peuvent, en effet, se comparer à l'insalubrité réelle de la plupart des manufactures appartenantes à la première et à la seconde classe. En général, ils ne sont point insalubres, mais seulement incommodes, par l'émission d'une fumée peu abondante et d'une grande quantité de vapeur aqueuse. Les savonneries seules, et particulièrement celles où l'on fait usage de la graisse et du suif, donnent en outre une odeur assez désagréable, mais qui ne se répand qu'à une petite distance.

Nous remarquerons ici que la fabrication de l'alun et celle du sulfate de fer, qui se trouvent appartenir à cette dernière classe, devraient être, à notre avis, portées dans la première, s'il s'agissait de préparer ces selspar le grillage l'air libre, des pyrites et des schistes alumineux: opération toujours accompagnée d'un grand dégagement de vapeur sulfureuse acide. Mais ce n'est certainement pas de ce procédé qu'on se propose de faire usage, puisque les substances minérales, sur la décomposition desquelles il est fondé, ne se trouvent point en abondance dans notre pays; ce qui serait indispensable pour le pratiquer avec bénéfice.

D'après ce qui précède, vos commissaires sont d'avis qu'on peut autoriser, à Perrache, la fabrication des savons d'huile et de suif, de la soude française, de l'alun, et du sulfate de fer par l'acide sulfurique. Ils ne voient de même aucun inconvénient à permettre d'y établir des raffineries de soude et de salpêtre de l'Inde.

Jusqu'ici, nous n'avons examiné les différentes fabriques pour lesquelles on sollicite une autorisation, que sous le rapport de leur insalubrité plus ou moins grande, considérée indépendamment de la situation de ces manufactures; mais en ayant égard toutefois à la distance qui sépare notre ville de la presqu'île Perrache, où l'on a l'intention de les établir. Arrivons maintenant à l'examen des autres questions qui vous ont été présentées par l'administration municipale.

Lors même que les manufacturiers observeraient rigoureusement toutes les précautions que nous avons indiquées, il n'en régnerait pas moins, dans le lieu où ces fabriques seront placées, une atmosphère plus ou moins chargée de vapeurs acides, les seules qui soient dangereuses parmi toutes les exhalaisons que les établissemens autorisés pourront répandre. Or, l'expérience a prouvé que l'habitude ne mettait pas tout-à-fait à l'abri de l'influence funeste exercée par ces vapeurs irritantes sur les organes de la respiration. « C'est dans les hôpitaux, dit le professeur Fodéré, c'est en voyant de nombreux ouvriers succomber à la phthisie, qu'on peut réduire à sa juste valeur cette opinion : que les gaz irritans ne sont point nuisibles pour les hommes habitués à les respirer. »

Ainsi, parmi les ouvriers qui seront constamment soumis à l'influence de ces exhalaisons pernicieuses, les plus forts et les plus robustes pourront bien, pendant long-temps, n'éprouver aucune altération dans leur santé; mais ceux dont les poumons se trouveront irritables, naturellement ou par suite de maladie, seront exposés à l'inflammation chronique de ces organes et à la phthisie.

Malheureusement, c'est là un mal irrémédiable; dans quelque localité qu'on élève ces fabriques, elles n'en seront pas moins dangereuses pour les ouvriers employés dans leurs travaux. Que faire alors, si ce n'est d'y exiger l'observation stricte des précautions sanitaires que nous avons cru devoir indiquer, dans la vue de diminuer, autant que possible, l'insalubrité de ces ateliers ?

Si les vapeurs acides de ces établissemens peuvent quelquefois altérer la santé des ouvriers, que l'habitude y aura rendus moins sensibles, à plus forte raison seraient-elles funestes pour les individus placés dans des maisons voisines, et surtout pour les personnes valétudinaires.

Nous pensons donc qu'on ne doit souffrir aucune

habitation particulière autour de ces établissemens. Les plus rapprochées doivent être construites à une distance telle, qu'elles ne puissent en recevoir aucune influence fâcheuse. Ce qui paraîtrait convenable, si on laissait élever un très-grand nombre de fabriques dans le quartier Perrache, de manière à l'occuper presque en totalité, ce serait de borner la ville à ses barrières actuellement établies, et de ne point laisser bâtir de maisons particulières au-delà de la promenade (Grand-Cours). Mais si le nombre des fabriques n'est point suffisant pour occuper la plus grande partie de la presqu'île, on devra reléguer celles qui présentent le plus d'inconvéniens, à son extrémité méridionale, et ne laisser élever de constructions particulières qu'à une distance de deux cent cinquante à trois cents mètres des fabriques les plus insalubres.

L'abattoir que la mairie se propose d'établir dans le quartier Perrache, ne doit pas être trop rapproché des habitations particulières, à cause des triperies et des fonderies qui doivent en faire partie, et dont l'odeur serait très-incommode pour les voisins. Nous ne parlons pas des miasmes et des odeurs putrides qui pourraient s'en échapper; car il est présumable qu'on n'y laissera point séjourner le sang et les autres immondices provenans de l'abattage des animaux.

Cet établissement doit être lui-même assez éloigné de toutes les fabriques qui laisseront dégager des gaz irritans, de la fumée, ou qui seront incommodes sous quelque rapport. Car, bien que les viandes qu'on y laissera séjourner, ne puissent être altérées par les vapeurs acides qui agiraient plutôt comme substances antiputrescibles, ces vapeurs auraient l'inconvénient d'incommoder les bouchers et les employés de l'abattoir; ce qui deviendrait la source de contestations fâcheuses pour les fabriques voisines. Votre commission, Messieurs, est donc d'avis que l'abattoir doit être placé à cent cinquante mètres environ des fabriques d'acides minéraux, et à une distance moins grande des habitations particulières.

Nous avons dit que les vapeurs acides ne peuvent point altérer la qualité des viandes qui seront déposées dans l'abattoir, et qu'elles tendraient plutôt à les conserver, en y retardant le développement de la fermentation putride. Remarquons en même temps que des émanations animales elles-mêmes en état de putridité, pourraient bien rendre l'altération des viandes beaucoup plus prompte, surtout si elles étaient favorisées par la chaleur qui s'échapperait de manufactures trop rapprochées de l'abattoir. Mais il est facile de prévenir une circonstance aussi fâcheuse, en éloignant de cette boucherie toutes les fabriques qui pourraient répandre des vapeurs putrides, en y entretenant une grande propreté, et en y pratiquant un système de canalisation convenable.

Nous arrivons, Messieurs, à la plus grave de toutes les questions qui vous ont été soumises : nous voulons parler de l'influence que pourraient exercer, sur le coteau de Sainte-Foy et sur les autres localités voisines, les ateliers chimiques qu'on laisserait établir dans le quartier Perrache.

Le riche coteau de Sainte-Foy, entièrement couvert de maisons d'agrément, et placé dans la plus belle exposition possible; ce coteau, dont l'aspect est si pittoresque, et qui produit des vins comparables à ceux des bons plants de la Bourgogne, est généralement considéré comme l'un des ornemens les plus remarquables de notre ville. Un aussi beau site doit donc être l'objet d'une protection toute spéciale, et nous pensons que c'est un devoir pour l'autorité de s'opposer à tout ce qui pourrait nuire soit à la bonté de ses produits, soit à l'agrément de son paysage.

C'est dans cette vue que nous avons proscrit du quartier Perrache les fabriques de sulfate de soude, ainsi que celles qui laissent perdre du gaz acide sulfureux en grande abondance: et, certes, c'était là une rigueur nécessaire. On ne peut douter, en effet, qu'un voisinage aussi nuisible ne finisse par entraîner la destruction du beau vignoble de Sainte-Foy, et la ruine de ses propriétaires. Ces désastres seraient d'autant plus certains, que la situation de ce coteau, par rapport à la presqu'île, les favoriserait singulièrement. D'un côté, les vapeurs qui s'élèveraient de Perrache, ne pourraient être entraînées qu'imparfaitement par le vent du nord, à l'abri duquel ce quartier se trouve en partie placé; et de l'autre, à cause de la situation même du coteau de Sainte-Foy; elles seraient poussées par le vent du sud sur la partie septentrionale de ce territoire, et par le vent d'est et sud-est, sur la partie moyenne et son extrémité méridionale. Remarquez encore que, lorsque ces vapeurs seraient transportées par le vent du nord, si fréquent dans notre pays, elles pourraient bien quelquefois refluer sur la ville, après avoir exercé leurs ravages sur les propriétés du Petit-Sainte-Foy et de la Quarantaine. C'est donc avec raison que nous nous opposons, de toutes nos forces, à ce qu'on laisse établir, dans le quartier Perrache, plusieurs fabriques dont nous avons signalé les inconvéniens.

Nous avons pensé qu'on pouvait autoriser, dans la presqu'île, l'établissement des manufactures chimiques, où l'on dissout et neutralise, par tous les moyens possibles, les gaz acides qui y sont incessamment produits. Mais il est bon d'observer que, quelque peu abondantes que soient leurs émanations nuisibles, elles pourraient devenir dangereuses, si on laissait ces ateliers se réunir en trop grand nombre dans le même lieu. On ne doit donc pas perdre de vue que c'est à leur isolement qu'elles doivent de ne pas être nuisibles, et qu'il est essentiel de ne point trop les multiplier (1).

Ici se terminent les remarques de votre commission; elle peut conclure de son travail :

1° Que la presqu'île Perrache, particulièrement à

---

(1) Ici se trouvaient des considérations relatives à l'influence que pourrait avoir sur la qualité des vins du coteau de Sainte-Foy, une grande quantité de fumée de charbon de terre, provenante d'établissemens formés à Perrache, et où l'on brûlerait de grandes masses de houille. On y remarquait que l'éloignement de ce vignoble n'était point un obstacle à l'action de cette fumée, qui y serait fréquemment portée par le vent du midi. Mais les opinions émises à cet égard, ayant été partagées dans le sein de la société de médecine, elle a arrêté que cette question serait plus tard l'objet d'un travail particulier.

son extrémité méridionale, est d'une habitation dangereuse et insalubre;

2° Que, par cette raison, il est convenable de n'y laisser élever des fabriques qu'après avoir établi d'abord un système préalable de remblai, propre à amener peu à peu l'assainissement de cette localité;

3° Que les fabriques de sulfate de soude qui laissent perdre le gaz acide-muriatique, et celles de sulfate de cuivre par la calcination, sans recueillir l'acide sulfureux, présentent de graves dangers, et ne doivent point être établies dans la presqu'île;

4° Qu'il est possible de rendre la fabrication du sulfate de soude non dangereuse, en neutralisant le gaz acide-muriatique par les procédés qui ont été indiqués; mais que même dans ce cas, on ne doit l'autoriser que conditionnellement;

5° Que la fabrication de sulfate de cuivre par la calcination, et en neutralisant le gaz acide sulfureux, peut être autorisée;

6° Qu'on ne doit point permettre l'établissement des fabriques de colle forte, parce que leurs émanations putrides pourraient nuire aux ouvriers employés dans les autres manufactures, et peut-être favoriser l'altération des viandes de l'abattoir;

7° Que les fabriques d'acide muriatique en vases clos, celles d'acide sulfurique de nitrate de fer, de chlorure de chaux, ainsi que la purification du charbon de terre en vases clos, et la distillation du soufre, peuvent être permises sous la condition expresse que les fabricans mettront en pratique toutes les précautions qui ont été indiquées dans la vue d'améliorer leur travail sous le rapport de la salubrité ;

8° Que les savonneries et les fabriques de soude française, et de briques réfractaires, par l'emploi du coak, ne peuvent être considérées comme insalubres, mais seulement incommodes à une petite distance, et qu'elles peuvent être tolérées ;

9° Qu'il n'y a aucun inconvénient à laisser établir des fabriques d'alun, et de sulfate de fer par l'acide sulfurique, ainsi que des raffineries de soude et de salpêtre de l'Inde ;

10° Que les fabriques dont l'autorisation peut être permise, moyennant certaines précautions, ne sont point absolument insalubres pour les personnes bien portantes, mais peuvent être nuisibles à celles dont la poitrine est irritable, et qui se trouvent valétudinaires ; que, par cette raison, il faut les reléguer tout-à-fait à l'extrémité de la presqu'île, et ne permettre la construction d'habitations particulières, qu'à une distance de deux cent cinquante à trois cents mètres ;

11° Que les fabriques autorisées ne peuvent ni altérer la végétation du coteau de Sainte-Foy ni nuire à son agrément, si on en borne le nombre ; mais qu'une trop grande multiplicité de semblables manufactures peut avoir autant d'inconvéniens qu'une seule de celles où on négligerait de neutraliser les vapeurs acides ;

12° Que les vapeurs acides ne peuvent contribuer à l'altération des viandes, qu'elles tendraient plutôt à conserver ;

13° Enfin, que, pour éviter des contestations entre

les bouchers et les propriétaires des manufactures voisines, de même que, pour rendre sans inconvéniens le travail des fondoirs et des triperies, il convient de placer l'abattoir à cent cinquante mètres environ des fabriques d'acides minéraux, et à une distance moins grande des habitations particulières.

En terminant ce résumé, je dois vous répéter, Messieurs, que votre commission s'est décidée à tolérer l'établissement de la plupart des fabriques renfermées dans la première classe, seulement dans la pensée que des améliorations dans leurs procédés, jointes aux précautions les plus minutieuses, pourraient en faire disparaître les inconvéniens. Mais, ainsi qu'elle ne peut se le dissimuler, il est à craindre que ces conditions ne deviennent illusoires par la négligence ou la mauvaise foi des fabricans; et, dès lors, la santé publique serait gravement compromise. Cette infraction à des conditions indispensables, ne peut être prévenue que par une surveillance aussi sévère qu'éclairée. Aussi, votre commission, dans sa sollicitude pour tout ce qui peut contribuer au bien public, forme-t-elle le vœu de voir les manufactures chimiques soumises aux visites fréquentes d'un inspecteur sanitaire, dont les fonctions ne devraient pas être bornées à surveiller les établissemens insalubres. Que de bien il pourrait faire encore en signalant l'apparition des petites-véroles, et des autres maladies épidémiques et contagieuses, en observant la nature des eaux potables, en surveillant la préparation des substances alimentaires, en faisant entretenir le bon état des boîtes de secours pour les noyés, en s'occupant enfin de tout ce qui peut intéresser la vie et la santé des hommes !

Les membres du bureau :	*Les membres de la commission :*
MM. MARTIN, président.	MM. PARAT.
LUSTERBOURG, trésorier.	GILIBERT.
CHAPEAU, 1er secrétaire du bureau.	RAPOU.
	TISSIER jeune.
CAP, archiviste.	Alph. DUPASQUIER, rapp.

La société de médecine, dans sa séance du 24 juillet 1826, après avoir entendu la lecture du rapport ci-dessus, en a adopté les conclusions.

FIN.

www.ingramcontent.com/pod-product-compliance
Lightning Source LLC
LaVergne TN
LVHW050502160826
845677LV00003B/888

* 9 7 8 2 3 2 9 6 6 1 8 6 5 *